地球不能没有动物 生生不息

地球不能没有

狮子

林育真 / 著

山东教育出版社·济南

威风凛凛出场了

瞧！我是雄狮，我有强壮的体魄、锋利的牙齿、威严的眼神和帅气的鬃毛。大小动物，无不夸我有王者风范，全都尊我为百兽之王！我，威风凛凛出场了。

我是雄狮，我怕谁？

老家在何处?

每种动物都有自己的老家（原产地）。我们的老家在哪里呢？目前全世界的狮子共有两个族群。生活在亚洲的族群，老家在南亚的印度，称为亚洲狮，数量极少。我们家族绝大多数成员生活在非洲，老家在非洲热带稀树草原，称为非洲狮。

亚洲狮又叫波斯狮。野生亚洲狮生活在森林地带，体形比非洲狮小。左图为印度吉尔国家公园的亚洲狮。

现在人们能见到的狮子，几乎都是产自非洲的草原狮。

听说过美洲狮吗？它不属于我们狮子家族，而是另一种大型猫科动物，生活在中美洲和南美洲的森林中。它的体形近似老虎，身上的斑纹像豹子，因此人们又叫它美洲豹。

　　亚洲狮在古时候叫作"狻猊"，很早就从印度和伊朗传入我国。古人被这种威猛野兽的王者气质吸引和征服，石狮子或铜狮子也因此成为中国传统建筑中常见的装饰物。右图为工艺精美的故宫铜狮，有护国镇邦的祥瑞寓意。

狮子分布图

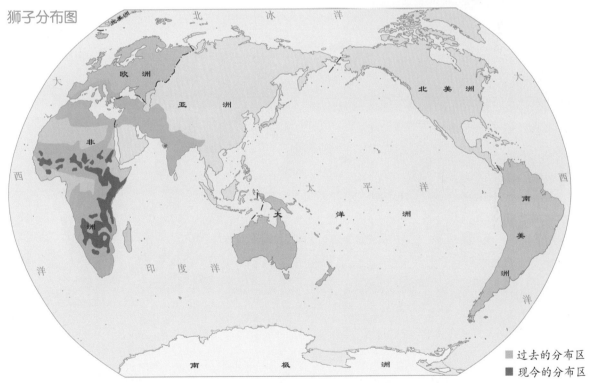

■ 过去的分布区
■ 现今的分布区

　　由分布图可见，非洲、西亚和南亚等区域都曾有过野生狮子，过去分布区域大而广。目前亚洲狮濒临灭绝，仅剩少数个体生存在印度吉尔地区。

超级大猫，英姿勃勃

狮子是地球上现存体重最大的猫科动物，是当之无愧的"超级大猫"。成年非洲雄狮从头至尾长达 3.2 米，体重可达 240 千克。这样的大块头还有超强的尖牙和利爪，当然成为令人闻风丧胆的顶级掠食动物。

小疣猪比猫咪大得多，可在本狮子眼里，它只是个小不点儿。

猫科动物

猫科动物包括狮、虎、豹三种猛兽，以及猎豹亚科、猫亚科和豹亚科等共40种动物，主要为大中型的掠食兽类。它们通常具有尖牙利齿，善于攀爬跳跃。

耳朵：又短又圆，听觉灵敏。

眼睛：长在头的两侧，视野宽广，几乎能看到身体后面的情景。

触须：在夜间活动时，是探测周边环境的感受器。

舌头：舌面上生有倒刺，可以像利刀一样刮取骨头上残留的肉。

犬齿

门齿

裂齿

尖牙利齿是猫科动物的特征之一，狮子也不例外。它们的上下颌共有4颗犬齿、12颗门齿、12或14颗裂齿，全都十分锐利，能完美胜任咬穿、撕裂、切割等一系列动作。

成年雄狮和雌狮的外貌明显不同，成年雄狮的头颈部周围有又长又密的鬃毛，显得十分威武，雌狮则没有。狮子是地球上唯一"雌雄两态"的猫科动物，人们可以轻易地分辨出它们的性别。

雄狮

雌狮

雌雄两态

　　指同种动物的雌性与雄性个体在外形上存在明显的差异，如狮子、长臂猿等。

　　雄狮的鬃毛从头颈部延伸到肩部和胸部，终生不脱落，这是雄狮最醒目的标志。不同的成年雄狮鬃毛的长短和色泽有差别。鬃毛的颜色有淡棕、深棕和黑色等。科学家认为，雄狮的年龄越大，鬃毛的颜色会变得越深。

雄性幼狮还没长出鬃毛，性别较难分辨。

与老虎、豹子和猫等其他猫科动物相比，我们的头部特别大，尤其是雄狮。另外，我们的尾巴末端有一丛球状毛，看起来像个小绒球，这也是其他猫科动物没有的。

我们尾巴的长度只有体长的三分之二，而老虎的尾巴几乎和身体一样长。

尾巴上的小绒球，是我最喜欢的玩具。

比一比

你看出狮子、老虎和猫的尾巴有什么不同了吗？

狮子的骨骼系统

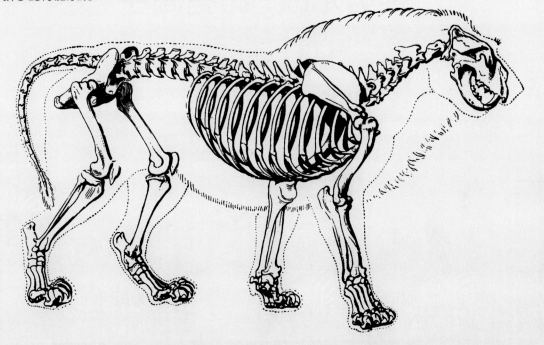

我们的骨骼结构与众不同：头骨大，前肢骨比后肢骨还强壮，尾骨长。我们走路和休息时，会收缩起利爪以免磨坏。只有狩猎时，才会冲猎物伸出利爪。

我们的前足有 5 个脚趾，后足有 4 个脚趾，脚趾上有锋利的爪子，足底有厚厚的肉垫，走起路来悄无声息，夜间捕猎时可谓来无影、去无踪。

神勇无敌，狩猎高手

广袤辽阔的非洲大草原，养育着数以百万计的食草动物，如羚羊、斑马、野水牛、长颈鹿和河马等。这些食草动物是狮子、鬣狗等食肉动物赖以生存的食物。目前尚有2万多头非洲狮生活在这里。在这片野性的土地上，随时随地上演着捕食者和被捕食者之间的生存竞争。

斑马是我们最爱的"口粮"之一

黑斑羚是我们经常猎捕的目标。

野水牛高大有力，不好对付，我们只有想方设法偷袭幼小的野水牛。

13

狮子捕猎技巧高超，生存竞争迫使食草动物进化出一系列对抗捕食者的结构和本领。它们有的力大无比，有的长着锐利的犄角和坚硬的四蹄，有的奔跑速度极快，能逃脱狮子的追捕。

分头跑，狮子追不上我们！跑快点儿，让斑纹晃得它眼花缭乱！

哼！它势单力薄，要是敢来找事儿，我们一起用角顶它！

一头形单影只的雌狮从牛羚群附近经过，牛羚们并不怕它。

公水牛身强体壮，牛角厚实锐利。每当狮子来了，它们就聚集在一起，抵御强敌。公牛在前方列队抵挡，保护着群中的母牛和小牛，狮子只得无奈走开。

与独来独往的老虎相反，狮子是群居动物。狮群一般由十几头狮子组成，也有七八头的小狮群或二十几头的大狮群。狮群无论大小，都由一头强壮的雄狮担任首领。

烈日炎炎，一个非洲狮群躲在阴凉下休息。

狮王白天躺在草丛里养精蓄锐，晚上精神抖擞地四处巡视领地。

狮群通常是家族群，成员包括老少亲缘关系紧密的几头雌狮、至少一头成年雄狮和一些未成年狮子及幼狮。雄狮首领强健的遗传基因可以保障狮群后代的健康。成年雌狮是狮群主要的捕食力量。

　　这群成年雌狮看似在休息，其实正在察看猎物的动向，"谋划"怎样猎取一顿大餐。

狮群捕猎时有勇有谋，分工协作，优先选择年老体弱、落单或麻痹大意的目标进行追捕。它们还善于隐蔽埋伏、突袭围堵，因此能够成功捕杀大型猎物。在非洲热带稀树草原，凶猛的狮子位列捕食食物链的顶层。

食物链 -

在生物群落中，各种生物之间由于吃和被吃而形成的联系，叫作食物链。

- -

成群的长颈鹿可不好惹，狮群如果贸然进攻，有被它们踢得腿断腰折的危险。而落单的长颈鹿若被饥饿的群狮盯上就危险了。

 食草动物　　　　　　　小型食肉动物

顶级食肉动物

 绿色植物　　　　　　　中型食肉动物

非洲热带稀树草原的一条捕食食物链

狮王争霸

狮群首领的任务很重，既要统管全群老幼，又担负着抵御外来入侵者、保护狮群及领地安全的责任。狮王的"王位"是靠实力打拼来的。

吃饱肚子的狮王一天可以睡 20 个小时。快看，现在它醒来了！

巡视领地是狮王的重要任务之一，守住领地也就保住了自己的"王位"。狮王用吼声震慑其他动物，暴怒雄狮的吼声可传到 8 千米之外。

同一狮群中所有成员，都归狮王统领。
狮群成员等级分明。雌狮捕到猎物后，要先让狮王饱餐一顿。

狮王

狮王的王位不是终生的，一旦年老或受伤，不能战胜外来的强健雄狮，它的首领位置就很有可能丢失。原首领一旦战败，只得负伤远走。而狮群则在新首领的统领下，继续生活。

一头外来雄狮争地盘来了！一场你死我活的"王位"争夺战开始了。

这头外来雄狮打了胜仗，成为新狮王并接管了狮群，包括狮群中所有的雌狮和幼狮。这对幼狮来说，无疑是场灾难。新狮王为了让群中所有的成年雌狮生养的后代都延续自己的基因，常会无情地除掉前任狮王的幼崽。

狮子妈妈察觉到新狮王对幼狮不怀好意，出于保护孩子的本能，它奋起抗争，但往往力不从心……

右图中两头成年雄狮并肩同行的情景实属罕见，原来它们是亲兄弟。在狮群里，雄狮长到 3 岁，就会被狮王赶出家门。这对狮子兄弟离群后结伴生活，协作捕食，日后还有可能通过合力打拼，争得一个首领的位置。

凶猛雌狮却是慈爱妈妈

狮子是生活在热带的兽类，一年中任何季节都能生育。狮群中受孕时间相近的雌狮，会产下年龄相仿的幼狮，雌狮们会友善地互相关心和共同照管幼狮。母狮的孕期大约100–119天，每次生1–6只幼崽。

刚出生的幼狮身上带有浅棕色的斑点，腹部和腿上最多，半岁后逐渐消失。

大草原上危机四伏，两位狮子妈妈一起照管着3只幼狮，等待外出捕食的其他雌狮带回食物。

24

干旱季节，草木干枯，猎物稀少。狮群中雌狮必须全体出动去寻找猎物，母狮妈妈只得把幼狮藏在灌木丛中。幼狮只能眼巴巴地等妈妈回来。

凶猛的雌狮却对幼狮温柔细心，呵护有加。幼狮如同小猫一样脆弱，随时可能死于饥饿、天敌和狮群之间的争斗。

百兽之王也有天敌

你或许认为"百兽之王"天下无敌，事实并非如此。和其他动物一样，狮子也有大大小小的天敌，其中体形较小、相貌凶恶的斑鬣狗历来是我们的死对头。有时雌狮费尽力气刚刚捕获一头猎物，嗅觉灵敏的斑鬣狗就会成群过来围抢。

斑鬣狗是非洲第二大食肉兽，颌骨和牙齿力量极为强大，甚至能咬碎骨头、吃到里面的骨髓。其下颌特别有劲，能叼着近百千克的腐尸奔跑上百米。

依靠数量优势，斑鬣狗群敢于抢夺狮子的猎物。狮群尽管东挡西扑，却也奈何不了这群穷凶极恶的抢劫者。

秃鹫是非洲草原上最大的食腐猛禽，具有极其灵敏的嗅觉，可以说哪里有死尸腐肉，哪里就有秃鹫。它们会连飞带蹦地围着尸肉撕扯叼啄。狮子也奈何不了这伙飞行的"强盗"。

秃鹫的头部和上颈部光秃秃的，没有羽毛，这一特点是它们名字的由来。光裸的头颈部便于它们掏食腐尸内脏。

一群秃鹫抢吃狮子的猎物。同样爱吃腐肉的秃鹳也来凑热闹！

天上掉馅饼了，真是太幸运啦！

秃鹫

秃鹳

　　狮子既爱吃新鲜的猎物，也不嫌弃腐烂尸肉，因此，难免遭受寄生虫、细菌和病毒的侵害。有些狮子的脸上爬满寄生虫；患了结核病的狮子连到水塘喝水的力气都没有。据英国学者研究得知，数以万计的非洲狮死于猫科艾滋病。

毒蛇也会对狮子造成威胁。狮子一旦不幸被眼镜蛇咬到，蛇毒会使狮子呼吸困难，全身无力而无法觅食，又饿又渴，还会不停地流口水。至少7天以后，狮子才会慢慢康复。

毒蛇出没，请小心！

保护"大猫"，人狮共存

狮子可以被饲养和驯服，几乎全世界的动物园里都能看到它们的身影，它们也是马戏团里最耀眼的明星。

狮子是有灵性的动物，自幼被驯养的狮子能够和养狮人建立亲密的友谊。

小朋友隔着玻璃幕墙，轻轻地抚摸这只漂亮的"超级大猫"。

由于栖息地缩小、生活环境遭到破坏以及人类的猎杀，狮子的数量在急剧减少。狮子原本有 8 个族群，其中开普狮和巴巴里狮已经灭绝。世界自然保护联盟目前把亚洲狮列入濒危物种，把非洲狮列入易危物种。

再凶猛的狮子也不敌人类的枪弹，一头南非狮王惨遭猎人枪杀，引起公愤。

狮子的生存依赖众多食草动物，而食草动物的繁盛依赖广阔丰茂的大草原。科学家指出：保护狮子首先必须保护其栖息环境和食物资源，同时防止传染病在狮子家族中蔓延，这样才能让威猛矫健的狮子在地球上继续生存下去！

亲爱的小朋友们，我是科普奶奶林育真，如果你们有关于动物生态的问题，找我就对了！

很高兴认识你们！这套《地球不能没有动物》系列科普书是我专门为小朋友创作的"科"字当头的动物科普书，尽力融科学性、知识性和趣味性为一体。

读完这本书，希望你至少记住以下科学知识点：

1. 狮子是百兽之王，它感官发达，牙尖齿利，凶猛剽悍。

2. 狮子是群体捕猎的掠食动物，居于捕食食物链的顶端。在捕猎方面它们可是专家。

3. 在非洲大草原上，捕食者（狮子）和被捕食者（大型食草动物）长期演绎着彼此的生存竞争和自然的生态平衡。

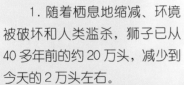

保护狮子我们应该知道的和应该做的：

1. 随着栖息地缩减、环境被破坏和人类滥杀，狮子已从40多年前的约20万头，减少到今天的2万头左右。

2. "狮子种群恢复基金会"成立，在全球范围开展名为"守护骄傲"的活动，力争到2050年使非洲狮的数量增加一倍。

3. 了解狮子的生存现状，支持保护和振兴狮子种群的正义行为，坚决抵制任何猎杀和虐待行为。

地球不能没有狮子！

图书在版编目（CIP）数据

地球不能没有狮子 / 林育真著. —济南：山东教育
出版社，2022
　　（地球不能没有动物.生生不息）
　　ISBN　978-7-5701-2212-7

　　Ⅰ．①地…　Ⅱ．①林…　Ⅲ．①狮 – 少儿读物
Ⅳ．① Q959.838-49

中国版本图书馆 CIP 数据核字（2022）第 124862 号

责任编辑：周易之　顾思嘉　李　国
责任校对：任军芳　刘　园
装帧设计：儿童洁　东道书艺图文设计部
内文插图：李　勇　郭　潇

地球不能没有狮子

DIQIU BU NENG MEIYOU SHIZI

林育真　著